PRÉCIS ANALYTIQUE

DES PRINCIPALES

EAUX MINÉRALES

DE L'ALLEMAGNE.

PARIS,
VICTOR MASSON ET FILS,
PLACE DE L'ÉCOLE-DE-MÉDECINE;
ET A LA COMPAGNIE HYDROLOGIQUE ALLEMANDE,
11, RUE DE LA MICHODIÈRE.
1861

PRÉCIS ANALYTIQUE

DES PRINCIPALES

EAUX MINÉRALES

DE L'ALLEMAGNE.

PARIS

VICTOR MASSON ET FILS,

PLACE DE L'ÉCOLE-DE-MÉDECINE;

ET A LA COMPAGNIE HYDROLOGIQUE ALLEMANDE,

11, RUE DE LA MICHODIÈRE.

1861

Paris. — Imprimerie de L. Martinet, 2, rue Mignon.

COMPAGNIE HYDROLOGIQUE ALLEMANDE

RUE DE LA MICHODIÈRE, 11, A PARIS.

L'objet principal de la COMPAGNIE HYDROLOGIQUE ALLEMANDE est la vente exclusive des eaux minérales de l'Allemagne. Ses traités particuliers avec plusieurs sources, dont elle est devenue fermière, la propriété de quelques autres, lui permettent de veiller aux expéditions de manière à garantir la parfaite conservation des eaux qu'elle met en vente. Ses arrivages sont toujours calculés en raison des placements, de manière que les produits ne séjournent pas dans ses magasins pendant un temps trop prolongé.

On trouvera ci-après un énoncé précis de la nature, des propriétés et du mode d'emploi des eaux minérales transportables qui existent au dépôt de la COMPAGNIE HYDROLOGIQUE ALLEMANDE.

EAUX BICARBONATÉES SODIQUES. — EMS.

Les eaux de ces trois sources sont d'une transparence parfaite; elles ont une saveur à la fois alcaline et salée qui rappelle le goût d'un faible bouillon de veau; celles du *Krœnchen* sont plus piquantes et plus agréables.

D'après les analyses faites en 1851, par le chimiste Fresenius, les quatre sources principales d'Ems contiennent les éléments minéralisateurs suivants :

*Tableau comparatif des quatre sources principales d'***Ems** *analysées par* FRESENIUS *en* 1851.

PRINCIPES CONTENUS DANS 1 LIT. = 1000 GRAMMES.	KRŒNCHEN	FURSTEN-BRUNNEN.	KESSEL-BRUNNEN.	NOUVELLE SOURCE.
Température	29°,5 C. = 23°,6 R.	35°,25 C. = 28°,2 R.	46°,25 C. = 37° R.	47°,5 C. = 38° R.
Poids spécifique	1,00293	1,00312	1,00310	1,00314
	gr.	gr.	gr.	gr.
Bicarbonate de soude	1,93198	2,03167	1,97884	2,09252
Chlorure de sodium	0,92241	8,98450	1,01179	0,94894
Sulfate de potasse	0,04279	0,03925	0,05122	0,05684
— de soude	0,00179	0,00219	0,00080	0,00141
Bicarbonate de chaux	0,22456	0,23254	0,23605	0,23319
— de magnésie	0,19598	0,19997	0,18698	0,21089
— de fer	0,00217	0,00265	0,00362	0,00311
— de manganèse	0,00094	0,00078	0,00062	0,00156
— de strontiane et de baryte	0,00015	0,00028	0,00048	8,00032
Phosphate d'alumine	0,00042	0,00044	0,80012	0,00145
Silice	0,04945	0,04919	0,04740	0,04921
Carbonate de lithine	traces	traces.	traces.	traces.
Iodure de sodium	faible trace	faible trac.	faible trace	faible trace
Bromure de sodium	trace dout.	trace dout.	trace dout.	trace dout.
Total des principes fixes.	3,37264	3,54346	3,51792	3,59847
Acide carbonique libre.	1,08398	0,90202	0,88394	0,79283
Total de tous les principes.	4,45662	4,44548	4,40186	4,39130

EAUX BICARBONATÉES SODIQUES. — EMS.

En raison du principe dominant (le bicarbonate de soude), les eaux d'Ems sont rangées parmi les eaux *bicarbonatées sodiques*, dites vulgairement *eaux alcalines gazeuses*.

Elles sont précieuses en ce qu'elles tiennent le milieu entre les eaux fortes et les eaux faibles de cette classe ; elles ne sont pas destinées à produire de violents effets, à provoquer des crises ; mais, par leur action douce et tempérante, fondante et résolutive, elles sont applicables à une foule de cas qui ne peuvent supporter l'excitation et le mode altérant d'eaux plus fortement chargées.

Maladies. — Par leurs propriétés alcalines, elles conviennent dans la gastralgie, la dyspepsie, les engorgements des viscères abdominaux, les obstructions du foie, la diathèse lymphatique, la goutte, le rhumatisme, et même le diabète sucré. Elles se rapprochent ainsi de l'effet thérapeutique des eaux de Vichy, auxquelles elles devront être préférées, toutes les fois qu'il s'agira de calmer et d'adoucir.

Mais, en outre, elles ont une action toute spéciale et parfaitement constatée :

1° Sur les affections catarrhales de la poitrine, bronchite et laryngite chroniques, enrouement, aphonie, asthme, emphysème, commencement de tuberculisation;

2° Sur les maladies nerveuses en général, les palpitations, les spasmes, l'hystérie, la chorée, les tics douloureux, etc. ;

3° Sur les désordres du système génito-urinaire; elles

dissipent les engorgements utérins, ramènent les organes à une vitalité plus normale, et donnent ainsi des résultats extraordinaires dans les cas de stérilité et de disposition à l'avortement.

Elles constituent un traitement très efficace dans les affections catarrhales et calculeuses des reins et de la vessie, pourvu qu'il n'existe pas une trop grande irritabilité des muqueuses ; car dans ce cas, elles pourraient, bien qu'à un moindre degré que les eaux de Vichy, aggraver les douleurs et les désordres existants.

Transport. — *Krœnchen*, *Kesselbrunnen*, *Fürstenbrunnen*.

Dose. — Les eaux d'Ems se prennent dans la journée, à la dose de deux, quatre, six verres, soit pures, soit mêlées au vin pendant le repas.

WILDUNGEN

(Waldeck).

Wildungen est situé dans la principauté de Waldeck, à 12 kilomètres sud de cette ville.

Il y existe trois sources principales :

1° *Salzbrunnen*, dite Helenenquelle ;

2° *Thalbrunnen ;*

3° *Stahlbrunnen*, dite Georg-Victorquelle

C'est de cette dernière (source acidule gazeuse bicarbonatée sodique) qu'on fait ordinairement usage, et à laquelle se rapporte ce qui va être exposé des propriétés physiques et chimiques de l'eau minérale de Wildungen.

Cette eau est limpide, sans odeur, ayant une saveur acidule pétillante très agréable ; elle contient une grande quantité de gaz acide carbonique qui s'élève en bouillonnant à sa surface.

EAUX BICARBONATÉES SODIQUES. — WILDUNGEN.

Elle a été tout récemment analysée par MM. Mialhe et Lefort, de Paris.

Analyse de la source **Georg-Victor de Wildungen** *par* MM. MIALHE *et* LEFORT, *en* 1857.

PRINCIPES CONTENUS DANS UN LITRE = 1000 GRAMMES.	
Température	10° C. = 8° R.
Poids spécique	1,002
	gr.
Bicarbonate de soude	1,639
— de potasse	0,061
— de chaux	0,469
— de magnésie	0,295
— de protoxyde de fer	0,020
— de protoxyde de manganèse	traces
Sulfate de soude	0,076
Chlorure de sodium	0,008
Silice	0,018
Arsénite de soude	traces.
Matière organique	traces très peu apparentes.
Total des principes fixes	2,586
Acide carbonique libre	1,639
Total général	4,225

L'eau de Wildungen n'est employée qu'en boisson, elle est parfaitement digérée, même prise en quantité considérable. Elle augmente l'activité des organes digestifs et sécréteurs, détermine de copieuses urines, souvent des sueurs abondantes, et très rarement de la diarrhée.

Maladies. — De tout temps, les plus célèbres médecins de l'Allemagne ont considéré l'eau de Wildungen comme le remède le plus efficace contre les affections calculeuses et les maladies des voies urinaires.

Elle procure un grand soulagement en modérant les douleurs ordinaires de la gravelle, et facilitant l'émission des urines : de plus, par sa vertu résolutive, elle diminue les calculs, favorise leur expulsion, en opère souvent la dissolution, et prévient la formation de nouveaux graviers et de nouvelles pierres.

Elle est employée avec un égal succès dans les cas de catarrhe de la vessie, relâchement des muqueuses, incontinence d'urine, spasmes vésicaux, faiblesse des organes génito-urinaires dans les deux sexes.

Le célèbre Hufeland fut guéri à l'âge de soixante et dix ans, après un mois de traitement, d'un catarrhe très grave de la vessie, qui avait déterminé faiblesse, amaigrissement, marasme général. « La combinaison de la » soude, dit cet illustre maître, et la quantité d'acide » carbonique que contient l'eau de Wildungen, expliquent » très bien comment elle procure la guérison des mala- » dies atoniques de la vessie, des écoulements muqueux, » et particulièrement de la lithiase, sur laquelle elle a une » vertu spécifique. » Puis il adresse des actions de grâce au Dieu tout-puissant qui a fait à l'homme le précieux don de la fontaine de Wildungen.

Par sa composition chimique, l'eau de Wildungen rend les mêmes services que les eaux bicarbonatées plus fortement chargées de principes minéralisateurs; mais mieux que ces dernières elle est applicable à toutes les affections graveleuses, soit uriques soit phosphatiques, car dans les cas d'irritabilité excessive de la vessie, elle est parfaitement supportée, alors que les eaux d'Ems, et surtout les eaux de Vichy, ne font qu'aggraver les douleurs et les désordres.

Transport. — *Wildungen.*

Elle n'éprouve dans le transport aucune altération, et conserve, loin de la source, ses mêmes propriétés tempérantes, diurétiques et dissolutives. Elle est prise soit pure, soit mêlée au vin pendant les repas.

Dose. — Une bouteille au moins par jour.

EAUX BICARBONATÉES SODIQUES.

SCHLANGENBAD

(Nassau).

Les bains de Schlangenbad, situés dans une vallée solitaire environnée de toutes parts de hautes montagnes, sont dans le duché de Nassau, à 4 kilomètres de Schwalbach, 12 de Wiesbaden, et 16 de Mayence.

Ils sont appelés, dans toute l'Allemagne, *Bains des dames*, *Fontaines de jouvence et de beauté*, en raison de la fraîcheur et de l'éclat qu'ils donnent à la peau.

Il existe huit sources qui se rendent, par groupes de quatre, dans deux établissements thermaux peu éloignés l'un de l'autre, et désignés, à cause de leur plan un peu différent, sous le nom de *bâtiment supérieur* et *bâtiment inférieur*. Ces sources servent à alimenter les bains, ainsi que la buvette placée au pied de la terrasse.

Les eaux, parfaitement claires, transparentes, et d'une couleur bleuâtre, sont complétement inodores et d'une saveur faiblement salée, alcaline.

Elles ont une température de 28 à 32 degrés centi–

grades, et contiennent, d'après l'analyse du chimiste Kastner :

Analyse de la source **Schlachtbrunnen de Schlangenbad** *par le chimiste* KASTNER, *en* 1839.

PRINCIPES CONTENUS DANS UN LITRE — 1000 GRAMMES.	
Température	32° C.=25°,6 R.
Poids spécique	1,00055
	gr.
Bicarbonate de soude	0,4386
— de chaux	0,2216
— de magnésie	0,1555
Chlorure de sodium	0,2800
— de calcium	0,0001
— de fer	traces
Boue minérale et acide silicique	traces
Total des principes fixes	1,0958
Acide carbonique libre	0,0725
Azote	0,0003
Total général	1,1686

La minime proportion d'éléments minéralisateurs place les sources de Schlangenbad parmi les plus faibles des eaux bicarbonatées sodiques.

Les eaux de Schlangenbad sont remarquablement onctueuses, presque grasses au toucher. Un préjugé populaire assure que cette onctuosité dépend d'une matière animale que viennent déposer les petits reptiles (*Coluber flavescens*), fort innocents d'ailleurs, qu'on rencontre en quantité dans les vallées et les montagnes environnantes : de là le nom de *Schlangenbad* (bain des serpents).

EAUX BICARBONATÉES SODIQUES. — SCHLANGENBAD.

Ces bains déterminent beaucoup de calme et de bien-être; ils passent pour conserver et embellir la peau. Le célèbre Hufeland a dit : « Je ne connais aucun bain aussi » capable de prolonger les avantages de la jeunesse et » de retarder l'arrivée de la vieillesse. »

Il est rare qu'on emploie ces eaux en boisson.

Maladies. — Type des eaux sédatives et adoucissantes, elles tempèrent la trop grande activité du système circulatoire, calment les nerfs, régularisent les sécrétions naturelles, et soulagent souvent des affections goutteuses ou rhumatismales que des eaux plus alcalines auraient exaspérées.

Elles sont surtout prescrites avec le plus grand succès dans les maladies de la peau produites ou entretenues par l'irritabilité du derme.

TRANSPORT. — *Schlangenbad.*

Employées en lotions, elles ont, loin des sources, la même propriété d'entretenir et d'augmenter l'éclat, la douceur et la blancheur de la peau; de faire disparaître les rugosités, les farines, les démangeaisons, si fréquentes dans les dermatoses légères.

Elles s'expédient en grande quantité pour l'usage externe dans les contrées les plus éloignées de l'Europe.

EAUX CHLORURÉES SODIQUES.

NAUHEIM

(Hesse électorale).

La ville de Nauheim est sur la pente nord-est du Taunus, dans une vallée nommée la Wettereau, à 24 kilomètres de Francfort-sur-Mein, et à peine un kilomètre de la station de Friedberg sur le chemin de fer du Mein-Weser.

Les sources sont au nombre de cinq : deux pour la boisson, *Kurbrunnen* et *Salzbrunnen ;* trois pour les bains, *Kleiner Sprudel*, *Grosser Sprudel* et *Friedrich Wilhelm.*

Ces sources, qui, pour la plupart, sont le produit de forages artésiens, alimentent l'exploitation des salines et les établissements de bains.

Elles ont été analysées avec le plus grand soin en 1842 par le docteur Bromeis, de Francfort, et en 1855 par le professeur Chatin, de Paris.

Sources de **Nauheim**, *analyses comparées par* MM. Bromeis *et* Ad. Chatin.

Substances contenues dans 1000 grammes d'eau.	Frédéric-Guillaume.	Gros-Sprudel.		Petit-Sprudel.		Salzbrunnen.		Kurbrunnen.	
Température	31° R. = 39° C.	28° R. = 35° C.		22° R. = 27° C.		18° R = 22° C.		17° R. = 21° C.	
Poids spécifique	1,0310	1,0221		1,0180		1,0165		1,0138.	
	Chatin.	Bromeis.	Chatin.	Bromeis.	Chatin.	Bromeis.	Chatin.	Bromeis.	Chatin.
	gr.	gr.	gr.	gr.	gr.	gr.	gr.	gr.	gr.
Chlorure de sodium	25,1000	23,6000	23,5000	19,8500	22,4000	18,4665	20,9000	14,3130	14,2000
— de chaux	....	5240	......	2700	.....	7135	......	5270	......
— de calcium	2,7500	1,9350	2,3000	1,7341	1,8500	1,3951	2,1000	1,0697	1,3000
— de magnésium	....	3390	5500	3486	5300	2738	4000	2807	3900
Bromure de magnésium	0,0098	0100	0080	0110	0070	0520	0070	0385	0050
Iode (libre?)	traces	......	bonnes tr.	......	bonnes tr.	......	bonnes tr.	......	traces
Bicarbonate de soude	....	......	......	......	......	......	......	......	......
— de chaux	2,3600	2,1330	1,9000	1,8410	1,7500	1,5500	1,5500	1,5050	1,4000
— de fer	0,0450	0660	0550	0378	0450	0260	0200	0260	0200
— de manganèse	0,0100	0200	0150	0092	0120	0030	0100	0036	0050
Sulfate de chaux	0,0650	0520	1100	1092	1200	1010	1200	1964	1000
Silice et traces d'alum.	0,0260	0210	0250	0135	0200	0200	0200	0150	0180
Arséniate de fer?	fortes traces	traces	0004	traces	0003	traces	0002	traces	0002
Nitrates alcalins	fortes traces	......	traces	......	traces	......	traces	......	traces
Sels de potasse	traces	......	traces	......	traces	......	traces	......	traces
— d'ammoniaque	traces	......	traces	......	traces	......	traces	......	traces
Matières organiques	fortes traces	traces	fortes tr.	fortes tr.	fortes tr.	traces	fortes tr.	traces	fortes tr.
Total des mat. fixes	40,3658	28,7000	28,4634	24,2244	26,7348	22,6059	25,0772	17,8749	17,4382
Acide carbonique libre		0,9149	0,9149	1,6831	1,6831	2,2484	2,2484	1,9226	1,9226
Total général		29,6149	29,3783	25,9075	28,4174	24,8543	27,3256	19,7975	19,3608

EAUX CHLORURÉES SODIQUES. — NAUHEIM.

Il résulte d'un travail de MM. Mialhe et Figuier, lu à l'Académie de médecine de Paris, le 23 mai 1848, qu'il n'existe pas en France d'eaux salines aussi riches en chlorures de sodium, etc., et présentant une température aussi favorable pour l'usage des bains, puisque variant entre 27 et 39 degrés centigrades, elles peuvent être employées sans réchauffement ni refroidissement préalables.

Toutes ces sources renferment une énorme proportion de gaz acide carbonique, lequel est utilisé d'une manière spéciale en bains et en douches.

Les bains d'eaux minérales, administrés à la température naturelle des sources, sont le plus souvent additionnés d'eaux mères des salines (Mutterlauge).

Les deux sources *Kurbrunnen* et *Salzbrunnen*, réservées pour la boisson, ont une saveur piquante et salée; elles sont laxatives, surtout le Salzbrunnen, qui, contenant plus de matières salines, a également un goût plus prononcé.

Elles l'emportent sur les eaux de Kreuznach par leur limpidité, leur saveur plus agréable, et le gaz qui rend leur digestion plus facile.

Maladies. — Diathèses lymphatique et scrofuleuse; affections de l'estomac, des intestins, du foie, de la rate; engorgement des articulations; dermatoses, plaies anciennes (1), etc.

TRANSPORT. — *Kurbrunnen*, *Salzbrunnen*.

DOSE. — Deux à trois verres le matin.

(1) M. le professeur Trousseau en 1848, M. le docteur Rotureau en 1853, ont fait une étude toute spéciale des propriétés thérapeutiques des eaux de Nauheim.

EAUX CHLORURÉES SODIQUES.

HOMBOURG

(Hesse).

Hombourg, capitale du landgraviat de Hesse-Hombourg, résidence du souverain, est une ville presque entièrement neuve, bâtie sur le penchant d'une colline, à l'extrémité orientale de la chaîne du Taunus, à 14 kilomètres au nord de Francfort-sur-le-Mein, et 10 kilomètres au sud des salines de Nauheim.

Les sources de Hombourg sont au nombre de quatre: 1° *Élisabeth*, 2° *Ferrugineuse* (Stahlbrunnen), 3° *Louis* Ludwigsbrunnen), 4° *l'Empereur* (Kaisersbrunnen).

Toutes sont froides, à une température constante de 10 à 11 degrés centigrades = 8 à 9 degrés Réaumur.

Les eaux sont claires, limpides, ayant une saveur franchement salée et piquante, et renfermant une grande quantité d'acide carbonique qui rend leur digestion plus facile.

Le professeur, baron J. de Liebig, qui a fait, en 1842,

EAUX CHLORURÉES SODIQUES. — HOMBOURG.

l'analyse des quatre sources, a constaté dans 1000 grammes d'eau minérale :

Analyse des quatre sources de **Hombourg** *par le professeur* LIEBIG, *en* 1842.

PRINCIPES CONTENUS DANS 1000 GRAMMES.	ÉLISABETH.	FERRUGINEUSE.	LOUIS	EMPEREUR.
Température	10° C. = 8°R.	10° C. = 8° R.	10° C. = 8°R.	11° C. = 8°,8 R.
Poids spécifique	1,0115	1,0108.	1,0120	1,0155.
	gr.	gr.	gr.	gr.
Chlorure de sodium	10,3066	10,399	10,9976	15,2339
— de calcium	1,0102	1,389	1,2378	1,7348
— de magnésium	1,0145	0,694	0,7815	1,0239
— de potassium	»	0,023	0,2868	0,0389
Carbonate de chaux	1,4310	0,981	1,2756	1,4459
— de magnésie	0,2621	»	0,0060	»
— de fer	0,0602	0,122	0,0508	0,1049
Sulfate de soude	0,0496	»	»	»
— de chaux	»	0,099	0,0294	0,0249
Silice	0,0411	0,041	0,0163	0,0439
Chlorure de lithium	»	traces	traces	»
Iodure de sodium	traces	traces	traces	»
Bromure de sodium	»	traces	traces	»
Total des principes fixes.	14,1753	13,748	14,6813	19,5511
Acide carbonique libre.	2,8100	2,769	2,3994	3,3147
Total de tous les principes	16,9853	16,517	17,0807	22,8658

Ainsi les quatre sources ont entre elles beaucoup d'analogie : les chlorures de sodium, de calcium, de magnésium, en sont les éléments essentiels.

Les eaux de Hombourg sont principalement employées en boisson : elles sont presque toujours purgatives, surtout celles de la source l'Empereur.

EAUX CHLORURÉES SODIQUES. — HOMBOURG.

Les bains sont alimentés par les sources Louis et l'Empereur; on y ajoute ordinairement une dose plus ou moins forte d'eaux mères (Mutter-Lauge) apportées des salines de Nauheim.

Maladies.—Les maladies traitées à Hombourg avec le plus de succès sont les diathèses lymphatique et scrofuleuse; affections abdominales; maladies du foie; hypochondrie, hémorrhoïdes, constipation, chlorose, dermatoses, syphilis.

TRANSPORT.—*Élisabeth.*

DOSE. — Deux à quatre verres le matin produisent un effet doucement laxatif, et font disparaître l'état saburral des premières voies.

EAUX CHLORURÉES SODIQUES.

KISSINGEN

(Bavière).

Kissingen, situé dans la basse Franconie, à une distance à peu près égale de Wurzbourg et de Bamberg, est remarquable par ses eaux minérales et ses salines.

Les sources sont au nombre de cinq; elles alimentent les bains et l'exploitation des salines.

Ce sont: *Rakoczy*, *Pandur*, pour la boisson; *Soolensprudel*, pour les bains; *Maxbrunnen*, source gazeuse utilisée comme eau de table, et *Bitterwasser* (eau amère) purgative, très recommandée.

Ces sources sont froides, variant de 10 à 11 degrés centigrades = 8 à 9 degrés Réaumur, excepté la *Soolensprudel* qui est à 19 degrés centigrades = 15 degrés Réaumur.

Les eaux du *Rakoczy* et du *Pandur* sont d'une limpidité parfaite et n'exhalent aucune odeur : elles ont une saveur acidule et salée laissant un arrière-goût un peu amer qui n'a rien de désagréable; elles contiennent une très grande quantité de gaz acide carbonique.

EAUX CHLORURÉES SODIQUES. — KISSINGEN.

Ces deux sources ont été analysées par le professeur baron J. de Liebig, en 1856.

Analyse des deux sources principales de **Kissingen** *par le baron* Justus de Liebig, *en* 1856.

PRINCIPES CONTENUS DANS 1000 GRAMMES.	RAKOCZY.	PANDUR.
Température	9° R. = 11° C.	8° R. = 10° C.
Poids spécifique	1,0073	1,0066
	gr.	gr.
Chlorure de sodium	5,8220	5,5207
— de potassium	0,2869	0,2414
— de magnésium	0,3038	0,2116
— de lithium	0,2002	0,0168
Bromure de sodium	0,0084	0,0071
Carbonate de chaux	1,0609	1,0149
— de fer	0,0316	0,0265
— de magnésie	0.0170	0,0448
Sulfate de magnésie	0,5869	0,5977
— de chaux	0,3894	0,3005
Nitrate de soude	0,0093	0,0036
Phosphate de chaux	0,0056	0,0053
Acide silicique	0,0129	0,0041
Iodure de sodium, borate de soude, sulfate de strontiane, fluorure de calcium, phosphate d'alumine, carbonate de manganèse	traces	traces
Total des principes fixes	8,7349	7,9950
Acide carbonique libre	1,6321	1,8757
Ammoniaque	0,0009	0,0038
Total général	10,3679	9,8745

Ces deux sources sont laxatives, elles déterminent dans l'économie un travail critique et éliminatoire : les eaux du *Pandur*, moins chargées de chlorures alcalins et de carbonate de fer, sont moins actives et moins excitantes que celles du *Rakoczy*.

Le docteur Granville leur assigne trois effets principaux : 1° altérant, 2° purgatif et dépuratif, 3° tonique et fortifiant.

Les bains exercent une action fortifiante qui contribue aux bons effets de la boisson : ils sont préparés avec les eaux du *Pandur* et du *Soolensprudel* dans des établissements pourvus des appareils les plus complets de douches, étuves, etc.

L'eau purgative, *Bitterwasser*, nouvellement exploitée se prescrit plus spécialement contre les constipations opiniâtres, les affections chroniques de l'estomac et des intestins, les maladies du foie, la jaunisse, la goutte, l'irrégularité des menstrues, certaines affections du système nerveux, quelques maladies de la peau, etc.

Transport. — *Rakoczy*, *Bitterwasser*.

Dose. — Deux à trois verres le matin.

EAUX SULFATÉES SODIQUES.

FRIEDRICHSHALL

(Saxe-Meiningen).

L'eau amère de Friedrichshall (*das Friedrichshaller Bitterwasser*) provient de, la saline de Friedrichshall située à 12 kilomètres de la ville de Cobourg, dans le duché de Saxe-Meiningen.

Cette eau purgative est aujourd'hui généralement préférée à celles de Bohême. Elle a l'avantage, sur les eaux de Sedlitz et de Pullna, de purger sous un petit volume, et de ne point donner lieu, ensuite, aux constipations opiniâtres qui succèdent presque toujours à l'emploi des purgatifs ordinaires.

Elle a été analysée en 1847 par le chimiste Bauer, de

Berlin, qui a trouvé les éléments minéralisateurs suivants :

Analyse de la source de **Friedrichshall** *par le chimiste* BAUER, *en* 1847.

PRINCIPES CONTENUS DANS UN LITRE = 1000 GRAMMES.	
Température	8° R. = 10° C.
Poids spécifique	1,0170
	gr.
Sulfate de soude	5,4336
— de magnésie	5,1502
— de chaux	1,4632
— de potasse	0,0823
Chlorure de sodium	8,7587
— de magnésium	4,0469
— d'aluminium	0,0088
— d'ammonium	0,0085
Bromure de magnésium	0,0028
Carbonate de magnésie	0,4599
— de chaux	0,0147
Silice	0,0270
Total des principes fixes	25,3766
Acide carbonique libre	0,0039
Total général	25,3805

TRANSPORT. — *Friedrichshall.*

DOSE. — Un demi-verre ou un verre à jeun le matin.

MARIENBAD

(Bohême.)

Marienbad est à 24 kilomètres de Carlsbad, et 20 kilomètres d'Eger-Franzensbad.

Les sources, au nombre de sept : *Kreuzbrunnen*, *Ferdinandsbrunnen*, *Karoline*, *Ambrosius*, *Wiesenquelle*, *Waldquelle*, *Marienquelle*, sont employées en boisson et en bains.

Toutes ces sources sont froides et ont une composition chimique qui rappelle exactement celle de Carlsbad, de sorte que Hufeland nommait Marienbad un *Carlsbad refroidi*.

Les deux principales sources, dont on fait le plus grand usage, sont *Kreuzbrunnen* et *Ferdinandsbrunnen* : elles sont limpides, ayant un saveur aigrelette, piquante, qui laisse un arrière-goût légèrement salé.

Elles ont été analysées par le docteur Kerstern, en 1844.

Analyse des deux sources principales de **Marienbad** *par le professeur* KERSTERN, *en* 1844.

PRINCIPES CONTENUS DANS 1000 GRAMMES.	KREUZ-BRUNNEN.	FERDINANDS-BRUNNEN.
Température	12° C. =9°,6 R.	9° C. =7°,2 R.
Poids spécifique	1,0072	1,0080
	gr.	gr.
Sulfate de soude	4,7564	5,0476
— de potasse	0,0650	0,0425
Chlorure de sodium	1,4539	2,0048
Carbonate de soude	1,1542	1,2890
— de lithine	0,0063	0,0090
— de chaux	0,6036	0,5447
— de strontiane	0,0017	0,0008
— de magnésie	0,4636	0,4550
— d'oxyde de fer	0,0453	0,0614
— d'oxyde de manganèse	0,0050	0,0158
Phosphate d'alumine	0,0071	0,0019
— de chaux	0,0024	0,0020
Acide silicique	0,0885	0,0965
Matière extractive, brome, fluor	traces	traces
Total de principes fixes	8,6530	9,5710
Acide carbonique libre et combiné	1,8305	2,9723
Total général	10,4835	12,5433

Ces deux sources ont les mêmes propriétés médicinales: elles sont doucement purgatives, diurétiques, résolutives, sans jamais provoquer de pesanteur ni de satiété. Le

EAUX SULFATÉES SODIQUES. — MARIENBAD.

Ferdinandsbrunnen est plus actif que le *Kreuzbrunnen*, en raison de la plus grande proportion de ses principes minéralisateurs.

Elles sont beaucoup moins excitantes que les eaux de Carlsbad et s'appliquent aux mêmes affections.

Maladies des voies digestives; engorgement du foie, de la rate, de l'épiploon; calculs biliaires, gravelle, goutte, hypochondrie, etc.

Elles ont la propriété spéciale de congestionner presque instantanément les plexus veineux du rectum.

TRANSPORT. — *Kreuzbrunnen*, *Ferdinandsbrunnen*.

DOSE. — Deux à trois verres le matin.

Ces eaux se conservent très longtemps, et transportées, elles rendent presque autant de services qu'à la source même.

EAUX SULFATÉES SODIQUES.

CARLSBAD

(Bohême).

Carlsbad est dans une vallée profonde, au milieu de laquelle coule la Tèple, à l'est de la ville d'Elbogen, et à peu de distance des stations *Hof*, *Plauen*, *Zwickau*, chemin de fer de Francfort, Wurzbourg, Bamberg, etc.

Les sources sont nombreuses, on en compte dix principales. La première de toutes par sa réputation, son abondance et sa haute température, est le *Sprudel*. Les autres sont : *Schlossbrunnen*, *Mühlbrunnen*, *Marktbrunnen*, *Neubrunnen*, *Bernard-*, *Theresien-*, *Felsenbrunnen*, *Hospitalbrunnen*, *Hygie*.

Les eaux de ces différentes sources sont limpides, transparentes et sans odeur aucune; leur saveur, un peu alcaline, n'est point désagréable, et peut être comparée à un léger bouillon de poulet.

Toutes ont une composition identique; ce sont les mêmes principes salins et les mêmes gaz, elles ne diffèrent que par la température qui varie entre 50 et 80 degrés centigrades.

Elles ont été analysées par l'illustre Berzelius.

Analyse de la source **Sprudel** *à* **Carlsbad**
par BERZELIUS, *en* 1822.

PRINCIPES CONTENUS DANS UN LITRE = 1000 GRAMMES.	
Température	58° R. = 73°C.
Poids spécifique	1,0045
	gr.
Sulfate de soude desséché	2,58713
Carbonate de soude desséché	1,26237
Chlorure de sodium	1,03852
Carbonate de chaux	0,30860
— de magnésie	0,17834
Silice	0,07515
Carbonate de fer	0,00362
— de manganèse	0,00084
— de strontiane	0,00096
Fluate de chaux	0,00320
Phosphate de chaux	0,00022
— d'alumine avec excès de base	0,00032
Total des principes fixes	5,45927
Gaz acide carbonique libre	0,78800
Total général	6,24727

Des analyses plus récentes auraient, suivant le docteur Granville, fait reconnaître des traces d'iode, de brome, d'arsenic et d'acide borique.

Aujourd'hui ces eaux sont presque exclusivement employées en boisson, tandis qu'autrefois on ne les prenait qu'en bains.

Elles sont essentiellement purgatives, diurétiques,

EAUX SULFATÉES SODIQUES. — CARLSBAD.

résolutives, fondantes; et, même à fortes doses, elles ne fatiguent pas l'estomac et sont rapidement absorbées.

Bien que les sources de Carlsbad ne diffèrent que par leur température, cependant elles impressionnent diversement l'économie. Ainsi, le *Schlossbrunnen* sera parfaitement supporté, alors que le *Sprudel* déterminerait une trop grande excitation ; le *Mühlbrunnen* passe, peut-être à tort, pour exercer la plus grande action purgative.

Maladies. — Engorgements du foie, de la rate, du mésentère, de l'épiploon, et autres viscères de l'abdomen; gravelles et calculs urinaires, calculs biliaires, goutte, diabète, constipation, hypochondrie, etc.

Transport. — *Sprudel*, *Schlossbrunnen*, *Mühlbrunnen*, etc.

Ces eaux subissent le transport sans s'altérer, et produisent, loin des sources, de remarquables effets thérapeutiques.

Dose. — On les prend chauffées au bain-marie, à la dose de deux à trois verres le matin.

Le *sel de Carlsbad*, dont on fait un usage considérable en Allemagne, n'est autre que du sulfate de soude à peu près pur, qu'on retire par évaporation de l'eau du *Sprudel*.

EAUX SULFATÉES MAGNÉSIQUES.

BIRMENSTORF

(Suisse).

Birmenstorf est dans le canton d'Argovie, à 2 kilomètres des sources de Baden; cette eau ne se boit que transportée.

L'eau amère de Birmenstorf est un produit naturel et dont l'application fréquente est faite par un grand nombre de médecins suisses, dans leur pratique et dans quelques-uns de principaux hôpitaux de ce pays. Les témoignages des praticiens distingués en attestent le mérite et l'efficacité.

L'eau de Birmenstorf est salutaire surtout contre les affections qui exigent l'emploi des laxatifs salins amers; c'est un puissant dépuratif. Elle ne s'emploie pas moins efficacement dans les obstructions du foie, la jaunisse, les calculs hépathiques, les hémorrhoïdes, l'hypochondrie, etc., etc.

Les praticiens, qui jusqu'ici ont recommandé l'eau de Birmenstorf, sont d'accord pour proclamer sa supériorité sur les eaux de Seidschütz, de Sedlitz, de même qu'elle ne le cède pas aux eaux si fameuses de Pullna. Elle supporte parfaitement le transport. Mise en bouteilles, elle se conserve sans altération.

Dose. — Deux à trois verres le matin.

Analyse des eaux sulfatées magnésiques de **Birmenstorf**, *par* M. Bolley

PRINCIPES CONTENUS DANS UN LITRE = 1000 GRAMMES.	
Température	8° R. = 10° C.
Poids spécifique	1,020
	gr.
Sulfate de potasse	0,1042
— de soude	7,0356
— de chaux	1,2692
— de magnésie	22,0135
Chlorure de magnésie	0,4604
Carbonate de chaux	0,0133
— de magnésie	0,0324
Magnésie (crenique)	0,1010
Peroxyde de fer	0,0107
Alumine	0,0277
Silice	0,0302
Total	31,0982

EAUX SULFATÉES MAGNÉSIQUES.

PULLNA, SEDLITZ, SEIDCHÜTZ

(Bohême.)

Ces sources jaillissent à peu de distance les unes des autres sur la route de Carlsal à Tœplitz : on ne les boit que transportées, et, comme elles sont froides, elles se conservent parfaitement.

Analyse des eaux de **Pullna** *par* M. Barruel, *de* **Sedlitz** *par* M. Bouillon-Lagrange *et de* **Seidchütz** *par* M. Bergmann.

PRINCIPES CONTENUS DANS 1000 GRAMMES.	PULLNA.	SEDLITZ.	SEIDCHUTZ
Température	6° R. =8° C.	12° R. = 15° C.	8° R. = 10° C.
Poids spécifique	1,0460	1,0231	1,0135
	gr.	gr.	gr.
Sulfate de magnésie	33,556	31,820	20,226
— de soude	21,889	0,730	»
— de chaux	1,184	0,581	0,576
Chlorure de sodium	3,000	»	»
— de magnésium	1,860	»	0,512
Carbonate de magnésie	0,540	0,141	0,294
— de chaux	0,010	0,220	0,144
— de fer	0,001	»	»
Matière extractive	0,400	0,084	»
Total des principes fixes	62,440	33,576	21,752
Acide carbonique	0,068	0,133	0,078
Total général	62,508	33,709	21,830

EAUX SULFATÉES MAGNÉS. — PULLNA, SEDLITZ, SEIDCHUTZ.

Leur action purgative est due surtout à la présence du sulfate de magnésie et du sulfate de soude. La plus riche en principes actifs est l'eau de Pullna, puis vient l'eau de Sedlitz, et, en dernier lieu, celle de Seidchütz.

Elles ont une saveur amère et nauséeuse; elles purgent à la dose de deux, trois ou quatre verres.

TRANSPORT. — *Pullna, Sedlitz, Seidchütz.*

EAUX CHLORO-BROMO-IODURÉES.

HEILBRUNN

(Bavière.)

Heilbrunn, petit village situé à huit milles de Munich, est célèbre par une source d'eau froide bromo-iodurée, désignée sous le nom de *Source Adélaïde*.

L'eau en est limpide, claire et fortement gazeuse : elle a une saveur qui rappelle celle d'un bouillon un peu salé.

Elle ne s'emploie qu'en boisson : prise le matin à la dose de deux ou trois verres, elle excite l'appétit et active la sécrétion urinaire ; à dose plus élevée, elle est légèrement laxative.

D'après l'analyse du chimiste Pettenkofer, de Munich, elle contient pour 1000 grammes :

EAUX CHLORO-BROMO-IODURÉES. — HEILBRUNN.

Analyse de la source **Adelheidsquelle d'Heilbrunn** *par le chimiste* PETTENKOFER, *en* 1849.

PRINCIPES CONTENUS DANS UN LITRE = 1000 GRAMMES.	
Température	8° R. = 10° C.
Poids spécifique	1,0050
	gr.
Bromure de sodium	0,0478
Iodure de sodium	0,0286
Chlorure de sodium	4,9568
— de potassium	0,0027
Carbonate de soude	0,8094
— de chaux	0,0761
— de potasse	0,0188
— de fer	0,0094
Sulfate de soude	0,0063
Silice	0,0192
Alumine	0,0185
Phosphate de chaux	traces
Substances organiques	0,0214
Total des principes fixes	6,0150
Acide carbonique libre	0,0259
Hydrogène carboné	0,0007
Azote	0,0081
Oxygène	0,0019
Total général	6,0516

Il en résulte que cette source est une des plus riches en bromure et iodure de sodium.

Maladies. — L'eau d'Heilbrunn convient dans tous les cas où sont indiquées les préparations iodurées, dans les affections lymphatiques et scrofuleuses, etc.

Elle combat avec succès le goître et l'excès d'embonpoint sans aucunement altérer la santé.

TRANSPORT. — *Adélaïde* (*Adelheidsquelle*).

DOSE. — Un à deux verres le matin.

EAU CHLORO-BROMO-IODURÉE.

KREUZNACH

(Prusse).

Kreuznach est situé à trois lieues du Rhin, entre Mayence et Coblentz. Son établissement thermal est un des plus fréquentés d'Allemagne; chaque année il attire de 5 à 6 000 malades : lymphatiques, scrofuleux, goîtreux, rhumatisants, anémiques, etc.

Kreuznach possède des sources salines dont les eaux sont plus riches en iodures et en bromures que celles de la mer, et procurent des guérisons qui ne cessent d'accroître leur célébrité.

On fait évaporer, à Kreuznach, les eaux des sources pour en extraire le sel destiné au commerce; cette opération laisse au fond des chaudières un résidu qui prend le nom d'*eau mère* et dont les heureuses applications thérapeutiques sont bien connues des médecins. Cette eau mère renferme, sous un petit volume, tous les principes salutaires, iodures et bromures, qui constituent la richesse des sources.

L'eau mère de Kreuznach est expédiée dans la plupart des établissements thermaux d'Allemagne; on en fait un grand usage à Hombourg. La quantité employée pour chaque bain est d'abord de 6 à 8 kilos; on la porte graduellement à 15 ou 18.

Le prix de revient de ce bain laissait peu d'espoir de le voir se propager en France, avant l'invention de l'*hydrofère* de M. Mathieu (de la Drôme). Grâce à cette découverte, qui permet de donner un bain avec 3 ou 4 litres d'eau, additionnés de 200 grammes environ d'eau mère, on peut prendre aujourd'hui des bains de Kreuznach à Paris, tout aussi bien que sur les bords du Rhin. C'est ce qui se pratique déjà à l'hôpital Saint-Louis et à l'hydrofère de la rue Taranne. Les thérapeutistes les plus éminents ont constaté la puissance de cette nouvelle médication.

EAU CHLORO-SODO-BROMURÉE.

SIERCK

(Moselle).

Les sources de Sierck jaillissent à notre extrême frontière du département de la Moselle, dans le voisinage du duché de Luxembourg.

Cette eau a sur ses similaires l'avantage d'être facilement supportée à l'intérieur; elle est très transportable et peut être d'une grande ressource dans la pratique parisienne, non-seulement comme boisson, mais aussi comme agent externe. Elle est au nombre des plus richement minéralisées en bromures. En effet, d'après une analyse de M. Dieu, elle contient :

Analyse.

DANS UN LITRE OU 1000 GRAMMES.

	gr.
Chlorure de sodium	8,286
— de potassium	0,054
— de calcium	2,281
— de magnésium	0,296
Bromure de magnésium	0,091
Iodure de magnésium	traces
Total	11,008

Elle donne lieu en outre à un dégagement abondant

de gaz formé, pour 100 volumes, d'environ 96 d'azote et 4 d'acide carbonique.

L'efficacité des eaux de Sierck paraît clairement démontrée dans toutes les variétés de l'affection scrofuleuse. Sous l'influence de cette eau prise en boisson, les ulcères scrofuleux se cicatrisent promptement, la résolution des engorgements ganglionnaires est active; presque toujours l'état général des scrofuleux s'améliore d'une manière notable; enfin la dysménorrhée, fréquente chez les filles scrofuleuses, est heureusement modifiée.

Dose. — Un à plusieurs verres le matin.

EAUX FERRUGINEUSES.

SCHWALBACH

(Nassau).

La ville de Schwalbach, nommée aussi Langenschwalbach, est sur la route qui conduit de Wiesbaden et de Schlangenbad à Ems.

Il existe dix sources parfaitement encaissées, parmi lesquelles quatre sont principalement employées. Pour la boisson, *Weinbrunnen*, *Stahlbrunnen*, *Paulinenbrunnen;* pour les bains, *Rosenbrunnen*.

Toutes sont ferrugineuses et gazeuses, et contiennent une grande quantité d'acide carbonique qui contribue à donner une grande fixité aux principes minéralisateurs.

En effet, pour juger du degré de force d'une eau ferrugineuse, il faut moins calculer la proportion de fer qu'elle renferme que la résistance que ce fer oppose à la décomposition de l'air. Sous ce rapport, les sources de Schwalbach sont des plus favorisées. D'après le docteur Gent, ces eaux peuvent séjourner toute une nuit dans un réservoir, être chauffées à 30 degrés centigrades, puis servir en bain pendant une heure, et conserver encore plus de la moitié de l'acide carbonique et du fer qu'elles contenaient primitivement.

EAUX FERRUGINEUSES. — SCHWALBACH.

Elles ont été tout récemment, en 1856, analysées par le chimiste Fresenius.

Analyse des quatre sources principales de **Schwalbach** *par le professeur* Fresenius, *en* 1856.

PRINCIPES CONTENUS DANS 1 LITRE = 1000 GRAMMES.	WEIN-BRUNNEN.	STAHL-BRUNNEN.	PAULINEN-BRUNNEN.	ROSEN-BRUNNEN.
Température...	8° R. = 10° C.	8°,32 R. = 10°,4 C.	8° R. = 10° C.	7°,36 R. = 9° C.
Poids spécifique.	1,0011	1,0007	1,0006	1,0008
	gr.	gr.	gr.	gr.
Bicarbonate de fer........	0,0576	0,0838	0,0674	0,0596
— de manganèse....	0,0090	0,0184	0,0119	0,0111
— de chaux........	0,5708	0,2213	0,2155	0,2898
— de magnésie.....	0,6051	0,2122	0,1692	0,2016
— de soude........	0,2456	0,0206	0,0174	0,0189
Sulfate de potasse........	0,0074	0,0037	0,0041	0,0034
— de soude.........	0,0062	0,0078	0,0063	0,0081
Chlorure de sodium.......	0,0086	0,0067	0,0066	0,0002
Acide silicique...........	0,0465	0,0321	0,0260	0,0274
Phosphate de soude.......	traces	traces	traces	traces
Matière organique........	traces	traces	traces	traces
Total des principes fixes..	1,5568	0,6066	0,5244	0,6281
Gaz acide carbonique libre.	1,7414	1,9198	1,5276	1,4703
Total général...	3,2982	2,5264	2,0520	2,0984

Maladies. — Les eaux de Schwalbach sont précieuses dans tous les cas qui réclament une médication ferrugineuse. Elles sont d'une digestion très facile et conviennent particulièrement aux constitutions délicates, asthéniques, nerveuses.

Weinbrunnen est la source qui est ordinairement préférée, comme contenant plus de sels neutres et exer-

EAUX FERRUGINEUSES. — SCHWALBACH.

çant une action moins astringente sur l'intestin; *Stahlbrunnen* est plus styptique; *Paulinenbrunnen*, moins ferrugineuse, peut servir de préparation aux deux sources précédentes.

Transport. — *Weinbrunnen*, *Stahlbrunnen*, *Paulinenbrunnen*.

Ces eaux se conservent parfaitement, en raison du soin extrême avec lequel on procède à l'embouteillage. Par un procédé particulier, on parvient à maintenir entre le bouchon et le liquide une couche d'acide carbonique qui, empêchant tout contact avec l'air extérieur, s'oppose à l'absorption de l'oxygène et à la décomposition des principes ferrugineux.

Dose. — Les eaux de Schwalbach sont prises ordinairement le matin à la dose d'un à deux verres; pour certains tempéraments, elles doivent être coupées avec du lait.

Elles peuvent être prises mélangées au vin pendant les repas.

EAUX FERRUGINEUSES.

SPA

(Belgique).

Spa se trouve sur le chemin de fer qui conduit de Liége en Allemagne, par Aix-la-Chapelle. Un embranchement spécial rattache la ville de Spa à la station de Pepinster.

Toutes les ressources minérales qui existent à Spa et dans les environs sont ferrugineuses.

On compte cinq sources principales : d'abord, au centre de la ville, *le Pouhon* ou fontaine de Pierre le Grand ; puis, dans les environs, et en allant de l'est l'ouest, *le Tonnelet*, *la Sauvenière*, *la Groesbeck* et *la Geronstère*.

EAUX FERRUGINEUSES. — SPA.

Froides et limpides, elles possèdent, pour principes dominants, le fer en plus ou moins grande quantité et l'acide carbonique. On les range dans la classe des eaux ferrugineuses acidules. Ce sont des eaux toniques, fortifiantes et résolutives. Leur réputation est établie depuis des siècles : elles ont été préconisées dans tous les temps comme dans tous les pays, et prescrites avec le plus grand succès. Aujourd'hui encore, elles sont recommandées par les plus célèbres médecins ; elles ont toujours été citées comme des plus riches et des plus énergiques ; elles offrent une abondance de principes minéralisateurs que peu de sources possèdent au même degré et avec une pareille efficacité.

Action. — Comme toutes les sources martiales, les eaux de Spa sont astringentes ; elles raffermissent les tissus, donnent plus de vitalité aux fluides, régularisent l'action des organes, et ramènent ainsi l'équilibre dans toute l'économie. C'est cette propriété essentielle qui explique l'effet merveilleux qu'elles produisent chez les personnes d'une constitution lymphatique, ou épuisées par la pauvreté du sang ; c'est aussi pourquoi elles sont d'un effet si certain contre les affections qui entravent ou paralysent le jeu de l'appareil digestif, enfin, c'est pour cela qu'on doit y recourir, même dans les convalescences prolongées, après les fièvres intermittentes qui ont duré longtemps, et contre les affections nerveuses.

L'eau du *Pouhon* est la seule employée loin des

sources, elle se conserve bien lorsqu'elle est convenablement embouteillée.

Analyse de l'eau du **Pouhon**, *faite en* 1830, *par* M. PLATEAU.

PRINCIPES CONTENUS DANS 1000 GRAMMES.	
Température	7° R. = 9°,40 C.
Poids spécifique	1,000
	gr.
Bicarbonate de soude	0,1266
— de potasse	0,0105
— de chaux	0,1730
— de magnésie	0,1674
— de fer	0,0714
Sulfate de soude	0,0203
Chlorure de sodium	0,0256
Silice	0,0629
Total des principes fixes	0,6577
Acide carbonique libre	2,1409
Total général	2,7986

DOSE. — De cinq à six verres.

L'eau de Spa peut être prise pendant les repas, mélangée de vin.

EAUX SULFUREUSES.

WEILBACH

(Nassau).

La source sulfureuse de Weilbach, duché de Nassau, est à vingt minutes de la station de Florsheim, chemin de fer de Francfort à Mayence.

L'eau de cette source est claire, limpide; elle n'a qu'une faible odeur sulfurée, bien que de toutes les eaux sulfureuses d'Allemagne ce soit celle qui renferme la plus forte proportion de gaz sulfhydrique.

On prend l'eau de Weilbach en boissons et en bains, mais surtout en boissons : elle est très facilement supportée par l'estomac, même en quantité considérable, sans provoquer ni renvois, ni diarrhée.

Elle a une action sédative toute particulière; et, contrairement aux effets excitants des sources sulfureuses des Pyrénées, elle calme d'emblée et sans déterminer aucun phénomène critique.

EAUX SULFUREUSES. — WEILBACH.

D'après l'analyse du chimiste Fresenius en 1852, elle contient pour 1000 grammes de liquide :

Analyse de la source de **Weilbach**, *par le professeur* FRESENIUS, *en* 1856.

PRINCIPES CONTENUS DANS UN LITRE = 1000 GRAMMES.	
Température	11°R.=13°,75 C.
Poids spécifiques	1,00106
	gr.
Bicarbonate de soude	0,406750
— de chaux	0,378884
— de magnésie	0,359138
— de baryte	0,001239
— de strontiane	0,000131
— de lithine	0,000845
Chlorure de sodium	0,271311
— de potassium	0,027759
Sulfate de potasse	0,038848
Phosphate de chaux	0,000348
— d'alumine	0,000133
Acide silicique	0,014550
Substances organiques	0,004845
Iodure de sodium	traces évidentes
Bromure de sodium	traces légères
Total des principes fixes	1,504781
Acide carbonique libre	0,182712
Acide sulfhydrique	0,007550
Bicarbonate d'ammoniaque	0,006977
Total général	1,702020

Maladies. — C'est dans le traitement des affections chroniques de la poitrine que l'eau de Weilbach est le plus ordinairement employée et justement célèbre. On lui reconnaît même une sorte de spécificité contre les phthisies commençantes.

Elle est efficace dans les surexcitations nerveuses, dans les affections de la peau.

Elle est également réputée pour avoir la propriété de faire disparaître très rapidement les tumeurs hémorrhoïdales, ainsi que les désordres graves qui les accompagnent,

TRANSPORT. — *Weilbach.*

Cette eau supporte très bien le transport. Par cela même qu'elle est froide, elle conserve presque en totalité le principe sulfureux qui est si volatil dans les sources chaudes d'Aix-la-Chapelle.

DOSE. — On prend l'eau de Weilbach soit pure, soit mêlée à du lait ou du sirop de gomme, à la dose d'un ou de deux verres le matin.

EAUX ACIDULES GAZEUSES.

SELTERS OU SELTZ

(Nassau).

La source de Selters ou Seltz tire son nom de Niederselters, village situé à 12 kilomètres de Limbourg sur la Lahn, à 40 kilomètres de Mayence et à 44 kilomètres de Francfort-sur-le-Mein.

L'eau jaillit en formant une grande quantité de bulles de gaz acide carbonique; elle est froide, acidule, piquante, d'un goût ferrugineux et en même temps un peu alcalin, légèrement salé.

La température de la source est presque constamment égale et marque de 13 à 15 degrés Réaumur, 16 à 18 degrés centigrades.

EAUX ACIDULES GAZEUSES. — SELTZ.

Les analyses les plus récentes sont de M. Bischoff, de Bonn, et de M. O. Henry, de Paris.

Tableau comparatif des analyses de la source de **Niederselters** *ou* **Seltz** *par les chimistes* Bischoff, *de Bonn, et* O. Henry, *de Paris.*

PRINCIPES CONTENUS DANS UN LITRE = 1000 GRAMMES.

Température	14° R. = 17°,50 C.
Poids spécifique	1,0034

Bischoff.		**O. Henry.**	
Carbonate de soude	1,014	Bicarbonate de soude	0,979
— de chaux	0,323	— de chaux	0,551
— de magnésie	0,276	— de magnésie	0,209
— de fer	0,027	— de strontiane	traces
Chlorure de sodium	2,796	— de fer	0,030
Sulfate de soude	0,043	Chlorure de sodium	2,040
Phosphate de soude	0,046	— de potassium	0,001
Silice	0,048	Sulfate de soude	0,150
		Phosphate de soude	0,040
Total des principes fixes	4,573	Silice et alumine	0,050
Acide carbonique libre	1,035	Bromure alcalin, crénate de chaux et de soude, matières organiques	traces
Total général	5,608		
		Total des principes fixes	4,070
		Acide carbonique libre	1,035
		Total général	5,105

Il résulte de ces analyses que l'eau naturelle de Selters ou Seltz est très différente de l'eau artificielle que l'on vend habituellement dans le commerce sous le nom d'*eau de Seltz*, et qui n'est autre chose que de l'eau simple chargée de gaz acide carbonique.

L'eau naturelle est une eau réellement minérale contenant, sur 1000 grammes, plus de 4 grammes de principes fixes; et le chlorure de sodium y domine tellement la faible proportion des autres éléments, qu'il pourrait faire classer la source de Seltz plutôt parmi les eaux chlorurées sodiques que parmi les eaux acidules gazeuses.

L'eau de Seltz n'est employée qu'en boisson; elle est digestive, tonique, fortifiante, et est servie sur toutes les tables.

Toutefois, comme boisson de luxe et de table, elle est inférieure à l'eau de Schwalheim, dont la composition plus constante, la moindre proportion de chlorure de sodium, la double quantité de gaz acide carbonique et la saveur agréable, la font actuellement préférer dans la plus grande partie de l'Allemagne et de la France.

Transport. — *Niederselters.*

EAUX ACIDULES GAZEUSES.

SCHWALHEIM

(Hesse électorale).

La source de Schwalheim est à 2 kilomètres de Nauheim, près de Francfort-sur-le-Mein.

Elle appartient à la classe des eaux acidules gazeuses, et elle l'emporte sur les plus célèbres par l'abondance extrême du gaz acide carbonique.

D'après des analyses faites sur les lieux par le professeur Liebig en 1853, les sources gazeuses de l'Allemagne, qui sont certainement les plus riches de l'Europe, doivent être ainsi rangées d'après leur proportion d'acide carbonique libre et combiné :

	Pouces cubes allemands.		Grains allemands.		Grammes français.
Schwalheim	49,44	=	22,7258	=	2,9591
Selters	26,45	=	12,1605	=	1,5834
Geilnau	22,77	=	10,9262	=	1,4227
Pyrmont	21,00	=	9,6529	=	1,2569
Eachingen	19,68	=	9,0500	=	1,1770

Donc l'eau de Schwalheim, qui contient une quantité d'acide carbonique double de celle qui existe dans l'eau de Seltz, est bien supérieure aux sources de Spa, Bussang, Saint-Alban, et à tant d'autres que l'on cite comme types des eaux gazeuses.

Cette eau a une fraîcheur et une limpidité parfaites. Sa surface est agitée par l'ascension continuelle de petites bulles de gaz qui viennent s'y épanouir et produire l'image d'une pluie fine et serrée. Sa saveur est des plus

EAUX ACIDULES GAZEUSES. — SCHWALHEIM.

agréables ; elle offre un piquant et un velouté qu'on ne rencontre dans aucune eau de la même classe.

Sa température, hiver comme été, est de 8 degrés Réaumur ou 10 degrés centigrades. Son poids spécifique est de 1;0022.

D'après les analyses récentes du professeur J. Liebig, et des chimistes de Paris, MM. Mialhe et O. Henry, elle renferme :

Tableau comparatif des analyses de **Schwalheim** *par* M. LIEBIG *et* MM. MIALHE *et* O. HENRY *en* 1857.

Température........................ 8° R=10° C.
Poids spécifique.................... 1,0022

PRINCIPES CONTENUS DANS 1 LITRE =1000 GRAMMES.	M. LIEBIG.	MM. MIALHE ET O. HENRY.
	gr.	gr.
Bicarbonate de chaux..........	0,7188	0,6540
— de magnésie.........	0,0750	0,2140
— de soude..........	»	0,0560
— de protoxyde de fer....	0,0124	0,0083
Sulfate de soude..............	0,0720	0,1880 (soude et chaux)
— de chaux............	»	
Chlorure de sodium............	1,3020	1,3280 (sodium et potassium)
— de potassium........	»	
— de magnésium........	0,1180	0,1100
Iodure....................	traces	tr. très manifestes
Bromure....................	traces	tr. très manifestes
Silice....................	0,1180	0,0590 (silice à matière organique)
Alumine..................	»	
Phosphate................	»	
Lithine..................	»	
Matière organique azotée........	»	
Total des principes fixes.....	2,4154	2,6173
Acide carbonique libre......	2,4100	2,3200
Total général.....	4,8254	4,9373

EAUX ACIDULES GAZEUSES. — SCHWALHEIM.

L'eau de Schwalheim n'est employée qu'en boisson. Éminemment rafraîchissante, digestive et diurétique, elle fortifie l'estomac, ravive l'appétit, excite les sécrétions urinaires. Par l'heureuse combinaison de ses principes fixes et gazeux, elle convient dans tous les cas de débilité, de diathèse lymphatique et chlorotique, de convalescence, etc.

Mais c'est surtout comme *eau de table et de luxe* qu'elle se recommande : par son goût agréable, sa saveur et son piquant naturel, elle constitue la meilleure des boissons soit pure, soit mêlée au vin, au sirop, à la bière; et depuis longtemps en Allemagne elle est préférée à toute autre par les gourmets de Nauheim, Mayence, Francfort, Cassel, etc.

Elle l'emporte sur l'*eau de Seltz* naturelle, parce qu'elle contient moins de chlorure de sodium et beaucoup plus d'acide carbonique; sur l'*eau de Bussang*, parce que, plus gazeuse, elle conserve parfaitement solubles les principes ferrugineux qui, dans une eau moins chargée d'acide carbonique, tendent sans cesse à se décomposer et à se précipiter; et parce qu'elle ne renferme pas les éléments arsenicaux qui donnent peut-être à l'eau de Bussang une valeur thérapeutique spéciale, mais qui, certainement, l'empêchent d'être applicable à toutes les organisations; enfin sur les *autres sources naturelles gazeuses*, qui toutes sont plus ou moins analogues aux eaux de Seltz et de Bussang.

Sa facile digestion permet d'en faire sans inconvénient un usage habituel et même une énorme consommation journalière.

La basse température de la source (8° R. — 10° C.) est extrêmement favorable à maintenir la dissolution des gaz et à empêcher leur évaporation, de sorte que l'eau de Schwalheim présente le précieux avantage de rester pendant vingt-quatre heures exposée à l'air libre, sans presque rien perdre de sa force et de sa saveur ; et que, renfermée dans des cruchons hermétiquement bouchés, elle se conserve sans se décomposer pendant des années entières.

Elle reste parfaitement claire et limpide, ne se trouble ni ne dépose jamais, et ne change pas la couleur du vin.

Transport. — *Schwalheim.*

EAU DE MER

L'eau de mer est une véritable eau minérale dont la composition rappelle assez exactement celle de la plupart des sources muriatiques (chlorurées sodiques), avec cette différence toutefois qu'elle est beaucoup plus riche en principes salins.

Elle a une saveur âcre, salée, d'une amertume plus ou moins prononcée, suivant qu'elle est puisée dans l'Océan ou la Méditerranée.

La température de la mer, qui varie suivant la direction et l'impétuosité des vents, la hauteur des marées, l'abondance des pluies, les saisons et l'état de l'atmosphère, est cependant plus stable que celle des lacs, des fleuves et des rivières, et oscille généralement entre 15 et 20 degrés centigrades. Cette température est beaucoup plus basse au fond de la mer qu'à la surface, et le froid est d'autant plus intense que la profondeur est plus considérable.

La pesanteur spécifique est loin d'être la même dans toutes les localités, puisqu'il a été parfaitement reconnu

EAU DE MER CONCENTRÉE POUR BAINS.

que les mers du Nord sont moins chargées de sels, et par conséquent moins denses que les mers du Sud.

De récentes analyses faites sur les eaux :

1° De la Manche, au port du Havre, par MM. Mialhe et Figuier (de Paris), en 1848 ;

2° De l'océan Atlantique, à l'embouchure de la Gironde, par M. Fauré (de Bordeaux), en 1849 ;

3° De la Méditerranée, au port de Cette, par M. Usiglio (de Marseille), en 1850,

Donnent les résultats suivants :

Analyse de l'eau de mer par MM. MIALHE *et* FIGUIER, FAURÉ, USIGLIO.

PRINCIPES CONTENUS DANS 1 LITRE = 1000 GRAMMES.	MM. MIALHE et FIGUIER, AU HAVRE.	M. FAURÉ, A CORDOUAN.	M. USIGLIO, A CETTE.
	gr.	gr.	gr.
Chlorure de sodium.........	25,704	27,265	30,182
— de magnésium......	2,905	2,892	3,302
— de calcium.........	»	0,630	»
— de potassium.......	»	»	0,518
Bromure de sodium.........	0,103	traces	0,570
— de magnésium......	0,030	traces	»
Sulfate de magnésie.........	2,462	4,210	2,541
— de chaux..........	1,210	0,315	1,392
— de soude..........	»	0,225	»
— de potasse.........	0,094	»	»
Carbonate de chaux........	0,132	0,325	0,118
Silicate de soude...........	0,017	»	»
Oxydes de fer et de manganèse.	traces	»	0,003
Carbonate et phosphate de magnésie..................	traces	»	»
Iodures..................	traces	traces	traces
Total des principes fixes.	32,657	35,862	38,626

EAU DE MER CONCENTRÉE POUR BAINS.

De plus, l'eau de mer contient une certaine quantité de matières organiques qui lui donnent une mucosité glutineuse, une viscosité particulière. Ces substances paraissent être de nature azotée, comme les corps albuminoïdes.

Ainsi, l'eau de mer a la plus grande analogie de composition avec les eaux de Nauheim, Kissingen, Kreuznach, Hombourg, etc.; elle renferme les mêmes principes minéralisateurs, et surtout une plus forte proportion de chlorure de sodium.

Considérée avec raison comme l'eau minérale saline par excellence, elle constitue un des plus puissants agents thérapeutiques.

Elle n'est généralement employée qu'à l'extérieur; cependant elle peut être utilisée en boisson comme agent purgatif; mais sa saveur saumâtre et nauséabonde, sa très grande altérabilité, l'ont fait presque complétement abandonner, malgré les efforts de M. Paquier, pharmacien à Fécamp, qui a tenté de la rendre plus potable, en l'épurant et en la chargeant de gaz acide carbonique.

Les bains de mer sont d'une utilité incontestable dans toutes les diathèses lymphatique, strumeuse, scrofuleuse, rhumatismale; dans les cas de débilité générale, de langueur succédant aux accouchements laborieux; dans les affections nerveuses, chorée, hystérie, hypochondrie; dans les déplacements de l'utérus, flueurs blanches, l'aménorrhée, la dysménorrhée, la métrorrhagie et la stérilité, qui dépendent d'une faiblesse générale ou locale. Ils sont administrés avec succès aux jeunes enfants, aux filles chlorotiques, aux anémiques et aux rachitiques. Sous leur influence, la digestion, la respiration, la circulation, l'hématose, la nutrition, les sécrétions, en un mot toutes les fonctions deviennent plus actives.

Jusqu'à présent il avait été impossible de se procurer les bénéfices de cette médication loin des localités maritimes ; mais M. Moride (de Nantes) a heureusement modifié ces difficultés en composant des bains au moyen de l'eau de la mer elle-même, en concentrant, en rapprochant ses principes minéralisateurs et organiques, de manière à pouvoir les conserver et les transporter à des distances voulues, avec autant de garantie dans leur composition chimique que de confiance dans leurs propriétés thérapeutiques.

Dans son établissement au Croisic, M. Moride est parvenu à obtenir, par une évaporation à basse température et à air libre, des quantités de sels représentant des masses considérables d'eau de mer. 5 kilogrammes de cette concentration saline demi-liquide sont équivalents en principes minéralisateurs à 150 litres d'eau de mer. De sorte que ces 5 kilogrammes de matières salines, mélangés avec 145 litres d'eau de rivière, de puits ou de source, sont propres à reconstituer, d'une manière aussi identique que possible, une égale quantité d'eau de mer.

L'eau ainsi préparée est presque limpide, et jouit de toutes les propriétés de l'eau puisée dans l'Océan. Elle

EAU DE MER CONCENTRÉE POUR BAINS.

est bien préférable aux bains artificiels obtenus par la simple dissolution du chlorure de sodium, ou l'addition de quelques sels de soude et de magnésie; car dans ces mélanges il n'existe ni bromures, ni iodures, ni les différents sels signalés par les travaux de Vogel, Bouillon-Lagrange, Rouelle, Proust, Laurent, Murray, Bergman, Balard, Malagutti, etc., ni tant d'autres composés que l'analyse chimique est encore impropre à déceler; tandis que dans les eaux concentrées se trouvent certainement tous les éléments connus ou inconnus que renferme naturellement l'eau de mer.

Ces bains offrent la précieuse possibilité d'être modifiés dans leur température, leur concentration, leur composition chimique. Suivant l'indication du médecin, ils seront administrés froids, tièdes ou chauds, tantôt adoucis par une simple addition d'eau ordinaire ou de substances émollientes et gélatineuses; tantôt augmentés d'intensité par une plus grande quantité d'eaux concentrées, ou par les eaux-mères (Mutterlauge) des salines de Kreuznach, Nauheim, Salins, Montmorot, plus riches en bromures alcalins; tantôt mélangés à certaines préparations médicamenteuses, telles que les iodures de plomb, de mercure, etc., qui, en raison de leur insolubilité dans les autres liquides, ne peuvent ordinairement être employés qu'en pommades ou en pilules. Dans certains cas ils remplaceront parfaitement les bains iodurés dont le prix est toujours si élevé.

L'approbation de l'Académie de médecine et une

haute récompense nationale ont sanctionné les heureux résultats que l'on peut obtenir de l'emploi de l'eau de mer concentrée.

M. Moride a donc rendu un véritable service, en procurant à chacun, dans ses propres foyers, les bienfaits d'un traitement qu'il fallait aller chercher au loin et à grands frais.

NOTA. — Chaque pot contient 5 kilogrammes de matières salines qui doivent, pour un bain d'adulte, être mélangées avec 145 litres d'eau de puits, de source ou de rivière.

Pour préparer un bain d'enfant, on fait fondre les matières salines dans 20 litres d'eau, dont on prend ensuite la moitié, le tiers ou le quart, suivant la prescription du médecin, pour l'ajouter à l'eau qui doit constituer le bain.

La durée du bain pour un adulte est d'une demi-heure ou d'une heure; pour un enfant, elle est de dix à vingt minutes.

Paris. — Imprimerie de L. MARTINET, rue Mignon, 2.

www.ingramcontent.com/pod-product-compliance
Ingram Content Group UK Ltd.
Pitfield, Milton Keynes, MK11 3LW, UK
UKHW020425180726
13839UKWH00003B/1391